BEI GRIN MACHT SICH IHR WISSEN BEZAHLT

- Wir veröffentlichen Ihre Hausarbeit,
  Bachelor- und Masterarbeit

- Ihr eigenes eBook und Buch -
  weltweit in allen wichtigen Shops

- Verdienen Sie an jedem Verkauf

Jetzt bei www.GRIN.com hochladen
und kostenlos publizieren

Der Machtbegriff in der Kartografie. Eine historische und moderne Betrachtung

Manuel Walter Cichos

Bibliografische Information der Deutschen Nationalbibliothek:

Die Deutsche Nationalbibliothek verzeichnet diese Publikation in der Deutschen Nationalbibliografie; detaillierte bibliografische Daten sind im Internet über http://dnb.d-nb.de abrufbar.

ISBN: 9783346817174
Dieses Buch ist auch als E-Book erhältlich.

Hausarbeit mit dem Titel:

Verortung des Machtbegriffs in der Kartografie

Vorgelegt von:
Manuel Walter Cichos

Fachsemester: 11
Studiengang: Kombinationsbachelor HF: Soziologie, NF:
Philosophie

Abgabedatum: 30.09.2022

Im Seminar: Die Geschichte und Geschichten des Kartographierens

Inhalt

1. Einleitung

Vor nicht allzu langer Zeit war er in jedem Auto zu finden. Meist im Handschuhfach oder unter dem Beifahrersitz. Vielleicht war er nicht immer aktuell, aber das war in den meisten Fällen kein großes Problem. Die Rede ist von dem meisteins daumendicken Straßenatlas, der das Erreichen der angetrabten Destination in den meisten Fällen, oder wenigstens häufig, sichergestellt hat. Dieser Todfeind eines jeden Farbdruckers war das gängige Navigationsmittel vor dem externen Navigationsgerät. Dadurch, dass moderne Kraftfahrzeuge über integrierte Navigationssysteme verfügen oder über Schnittstellen mit Google Maps verbunden sind, werden externe Navigationssysteme häufig nur noch für besondere Zwecke produziert (Wohnwägen, Motorräder, etc.).

Bezüglich ihres Ansehens lässt sich jedoch generell feststellen, dass Karten einen Großteil ihres einstigen Ruhms verloren haben. Was modernen Karten an Prunk und Ruhm fehlt, machen diese jedoch mit Anwenderfreundlichkeit und Verfügbarkeit wett. Durch Google Maps bzw. Apple Maps, haben die meisten Smartphones unterschiedliche Ausführungen von Karten auf ihren Geräten. Mit nur wenigen Handgriffen, lässt sich diese von einer Autokarte, zu einer topografischen Karte, bis hin zu einem Satellitenbild transformieren. Hierbei muss man nicht einmal in der Lage sein, Karten lesen zu können. Solange man seinen Zielpunkt kennt, zeigen intelligente Online-Navigationssysteme den kürzesten Weg. Alle anschließend auftretenden Fragen werden durch Pop-Up-Nachrichten oder den Standortdaten gelöst (vgl. Doner-Müller 2022, S.2). Was durch diese alltägliche Nutzung jedoch schnell verloren gehen kann, ist der kritische Blick auf das Medium der Karte.

Karten sind mehr als ein Gitternetz mit Höhenlinien und einer Ansammlung aus Straßen und Wegen. Karten vermitteln Inhalte, konturieren Realität, zeigen ihrem Betrachter eine Wirklichkeit (vgl. Glasze 2009, S.181). Die zeigt sich beispielsweise an der Darstellung der Krim Grenze zwischen Russland und der Ukraine auf Google Maps. Je nachdem über welchen Server die Google Maps Karte abgerufen wird, zeigt sich entweder eine prorussische Darstellung – auf der eine

Grenze zwischen der Krim und Ukraine besteht – oder eine ukrainische Darstellung, auf der besagte Grenze nicht gezogen ist. An dieser Stelle wird aus dem praktischen Navigationssystem aus der Hosentasche, eine handfeste politische Diskussion (vgl. Schulte von Drach 2014)

Dies lässt jedoch vermuten, dass Karten einen viel höheren Stellenwert innerhalb unserer Gesellschaft haben, als man auf den ersten Blick vermuten würde. Daher stellt sich die Frage: Welche Macht haben Karten über die Gesellschaft, die diese nutzt.

Um dieser Frage im Detail nachgehen zu können, bedarf es einer historischen Unterscheidung der Karten. Die Herstellung, Nutzung, als auch der Sinn von Karten hat sich im Laufe der Zeit verändert, daher ist eine differenzierende und vergleichende Annäherung notwendig. Weiterführend wird es notwendig sein, den Begriff der Macht auf gesellschaftlicher Ebene genauer zu erörtern, um aufzeigen zu können, an welchen Stellen Karten als Mittel zur Ausübung von Macht genutzt werden oder eventuell sogar eigene Macht ausüben. Hierbei wird anhand einer soziologischen Heranführung der Begriff der Macht auf Grundlage von Max Webers Definition dekonstruiert, um darauf aufbauend einzelne Eigenschaften der Macht in den Funktionen und Wirkweisen der Karten aufzuzeigen. Abschließend wird dies anhand konkreter Beispiele aufgezeigt, um historische Machtausübungen durch Karten darzulegen.

2. Karten Heute, Karten Früher

Die Gestalt der Karten hat sich im Laufe der Zeit stark gewandelt. Erste bekannte Karten, um 3800 vor Christus, wurden in Stein gehauen und haben meist in bildlicher Darstellung erste Versuche unternommen, die für die Ersteller wahrnehmbare Realität in Formen wiederzugeben (vgl. Von Kalben & Aufmkolk 2019). Die Berechnung des Erdumfangs um 250 vor Christus hat weiterführend das Bild der Karte geprägt (vgl. ebd.). Zu dem Wechsel des Materials, von Steinen zu Leder oder Leinen, wurde zusätzlich ein Gradnetz eingeführt, die die Karten in Längen und Breitengrade unterteilt hat. Zusätzlich zu inhaltlichen Veränderungen wurden Karten immer kunstvoller gestaltet und ausgearbeitet. Die Ränder der Karten wurden mit unterschiedlichsten Zeichnungen verziert. Das Ausgestalten von Karten war jedoch kein rein kosmetischer Prozess. Die Ausgestaltung von Karten war oftmals eine Auftragsarbeit, die die politischen Gesinnungen oder Machtverhältnisse ihrer Zeit widerspiegelten (vgl. Glasze 2014, S.124). Neben den gestalterischen Besonderheiten unterscheiden sich ältere Karten auch untereinander bezüglich ihrer Abbildungen. Die 'eine Weltkarte' der Antike oder des Mittelalters gibt es nicht. Auch hier spiegeln sich die Überzeugungen, die Religion und politischen Verhältnisse vergangener Zeiten ab. Daher ist es nicht überraschend, dass Karten aus dem Mittelalter Jerusalem als Zentrum der Welt festlegen und die restliche Karte anhand dieses Mittelpunkts ausrichten (vgl. vgl. Von Kalben & Aufmkolk 2019).

Mit zunehmender Seefahrt im 15. Jahrhundert wurde Karten ein Maß an Objektivität abverlangt. Das christliche Weltbild in der Kartographie wird vermehrt von der Wissenschaft verdrängt. Die Seefahrt und die Erfindung des Buchdrucks sorgen dafür, dass Karten nicht nur objektiver gewünschte Gebiete abbilden, sondern auch vermehrt produziert werden können. Mit der anschließenden Vermessung der Welt – zwischen dem 17. und dem 19. Jahrhundert – und der zunehmenden Objektivierung und Verwissenschaftlichung der Kartografie hat sich eine zusätzliche Neutralität und Integrität gegenüber den Karten entwickelt (vgl. Rottland 2003, S. 28).

Aktuelle Karten können in digitaler Form auf technischen Endgeräten genutzt werden, oder in ausgedruckter Form genutzt werden. Bei der Herstellung moderner Karten werden unter anderem Flugzeuge, Hubschrauber, Kameras, Drohnen oder Satelliten genutzt. Die gesammelten Daten können anschließend dazu genutzt werden, in modernen geografischen Informationssystemen (GIS) Karten oder 3D Modelle zu realisieren.

3. Was ist Macht? Und wie kommt sie in die Karten?

Wie sich bereits angedeutet hat, handelt es sich bei Karten nicht um rein objektive Darstellungen der Wirklichkeit. Durch das, was die Karte darstellt, die Art der Darstellung, die Farbgebung, das Material oder oftmals gerade das, was sie nicht zeigt, beeinflusst sie ihren Betrachter (vgl. Rottland 2003, S.27). Daher liegt die Vermutung nahe, dass Karten eine gewisse Macht gegenüber der betrachtenden Person haben.

Hierbei stellt sich die Frage, wie ein Gegenstand Macht auf einen Menschen auswirken soll. Die umgangssprachliche Macht wird Menschen zugeschrieben, die meist über besonders viel Geld oder Einfluss verfügen. Personen wie Präsident*innen, König*innen, Diktator*innen gelten umgangssprachlich als mächtig. Macht ist jedoch kein Gegenstand oder eine Eigenschaft, die jemand haben oder besitzen kann (vgl. Elias 2014 S.85). Die Gesellschaftswissenschaften verorten die Macht grundlegend in den sozialen Beziehungen zwischen Individuen. Einen einheitlichen Begriff der Macht wird man jedoch nicht finden. Dieser unterscheidet sich auf Grundlage der Autoren. So könnte man den Begriff der Macht nach Luhmann nicht mit der Definition von Elias gleichsetzen. Einen gemeinsamen Nenner bildet jedoch die Definition von Max Weber (vgl. vgl. Inhetveen, S.253).

„Macht bedeutet jede Chance, innerhalb einer sozialen Beziehung den eigenen Willen auch gegen Widerstreben durchzusetzen, gleichviel worauf diese Chance beruht" (Weber 1972, S.28).

Die Definition Werber zeigt anhand fünf Punkten auf, wie sich Macht konstruiert. Als Erstes deutet Weber die Macht als Chance, also als Möglichkeit. Macht ist dem entsprechend auch da aufzufinden, wo sie nicht aktiv wirkt, jedoch die Möglichkeit der Wirkung besteht. Weiterführend bringt er als zweiten Punkt an, dass Macht "innerhalb einer sozialen Beziehung" entsteht und besteht. Entgegen der umgangssprachlichen Macht, verorten Weber Macht in den sozialen Beziehungen und macht diese zu einem relationalen Begriff (vgl. Inhetveen, S.253). Der Passus der sozialen Beziehung wird hierbei nicht von dem Austausch zwischen zwei realen Personen limitiert. Macht konstruiert sich sowohl in klassischen sozialen Beziehungen, wie in einer Ehe, zwischen Freunden oder Feinden, als auch in abstrakteren Beziehungen, wie der sozialen Beziehung zwischen dem Individuum und dem Staat (vgl. Ebd.).

Im dritten zu erwähnenden Punkt, erörtert Weber, dass Macht auch dort auftritt, wo ein Widerstreben stattfindet, aber auch dort, wo dieses ausbleibt. Sich gegen den Willen eines anderen *durchsetzen* zu können, offenbart die Macht innerhalb einer sozialen Beziehung (vgl. Weber 1972, S.28). Sich gegen den Willen einer anderen Person durchzusetzen ist jedoch keine Voraussetzung dafür, dass Macht innerhalb der sozialen Beziehung zu verorten ist (vgl. ebd.). Beispielhaft könnte man sagen, dass ein König gegenüber seinen Vasallen das Machtgefälle offenbart, in dem er seinen eigenen Willen mit Gewalt oder durch Angst durchsetzt. Hierbei wäre das vorliegende Machtverhältnis offensichtlich. Kann der König aber ohne Gewalt und Angst seinen Willen durchsetzen, ändert das nicht das Machtverhältnis.

Dies leitet zum vierten zu verortenden Punkt über, dass Macht und Wirkformen der Macht in ihrer Mannigfaltigkeit nahezu grenzenlos sind. Das macht den Begriff und die Definition der Macht so kompliziert. Weber betitelt der Begriff der Macht als "soziologisch amorph" (Weber 1972, S.28 f.). Der Begriff der Macht sei gestaltlos, da " alle denkbaren Qualitäten eines Menschen und alle denkbaren Konstellationen (…) jemanden in die Lage versetzten, seinen Willen in einer gegebenen Situation durchzusetzen (vgl. ebd.).

Aufgrund der Körperlosigkeit des Machtbegriffs verweist Weber in seiner fünften Eigenschaft der Macht auf den Begriff der Herrschaft. In der Herrschaft sieht Weber einen präzisen Begriff, der die Verfestigung der Macht darstellt. Die institutionalisierte Form der Macht, die Herrschaft, stellt die freie Zuweisung von Inhalt und Personen dar.

3.1 Macht in der modernen Gesellschaft

Das zweite Missverständnis im umgangssprachlichen Machtbegriff liegt in der negativen Konnotation begründet. Das Ausüben von Macht wird häufig als ein negativer Prozess gesehen, welcher von einer mächtigen Obrigkeit, gegenüber einem ausgelieferten Personenkreis oder gegenüber einem einzelnen Individuum ausgeübt wird. Ob Antagonisten in Kindermärchen, die Politiker eines Staates oder das privatisierte deutsche Schienenpersonenverkehrsunternehmen. Immer sind es böse Könige oder Stiefmütter, 'die da Oben' oder die Deutsche Bahn, die ihre Macht gegenüber anderen Personen ausüben. Aber wie bereits erwähnt, kann Macht nicht besessen werden, sondern entsteht in den sozialen Beziehungen. Die Stieftöchter in den Geschichten, die Bürger eines Landes und die Kunden der Deutschen Bahn wirken gleichermaßen in die Machtbeziehung ein. Und was noch wichtiger ist: Das ist völlig legitim (vgl. Elias 2014, S.84).

Das Wirken von Macht ist weder Fauxpas noch Frevel, sondern Teil des menschlichen Miteinanders. Solange eine soziale Beziehung besteht, kommt es zu einer Machtbeziehung zwischen mindestens zwei Teilnehmern (vgl. ebd.). Der

Unterschied der Machtbeziehungen ist lediglich in der Gewichtung der Machtverhältnisse zu verorten. Zwar besteht zwischen Vater und Neugeborenen eine wechselwirkende Machtbeziehung, diese ist jedoch offensichtlich nicht gleich verteilt. So kann der Vater anders über das Kind verfügen, wie das Kind über den eigenen Vater (vgl. ebd.).

Der Unterschied der Machtverhältnisse beruft sich auf die Power-Dependance-Theorie, die beschreibt, dass Macht zwar zum menschlichen Miteinander gehört, und innerhalb der sozialen Beziehungen nicht zu umgehen ist, jedoch auf Grundlage der Abhängigkeit die Machtgewichtung innerhalb der Beziehung festgelegt werden (Emerson 1972, S.36 f.).

3.2 Macht und Karten

Es hat sich gezeigt, dass Macht dort entsteht, wo Menschen miteinander interagieren. Ähnlich verhält sich dies dem entsprechend auch mit Karten. Eine Karte, die keine Interaktion erfährt, ist nicht in der Lage Machtverhältnisse aufzubauen. Dies wird eindeutiger, wenn man die Karte als eine Art der Kommunikation betrachtet. Eine Grundlage der modernen Kommunikationswissenschaften ist, dass man nicht, nicht kommunizieren kann (vgl. Watzlawick 2017, S. 60 f.). Sobald also ein Mensch mit einer Karte in eine Beziehung tritt, entsteht eine Art der Kommunikation und des Austausches. Gleiches gilt für das entstehende Machtverhältnis. Auch wenn die betrachtende Person, das entstehende Machtverhältnis nicht unbedingt als solches wahrnehmen muss, muss sie sich jedoch entscheiden, wie sie mit der Karte umgeht. Für das Entstehen eines Machtverhältnisses ist es hierbei unerheblich, ob man bewusst oder unbewusst auf die Karte reagiert. So kann ein Ignorieren der Karte ebenfalls als Kommunikation gewertet werden. In einem anderen Fall ist es jedoch ebenfalls denkbar, dass die Karte nicht ignoriert wird, sondern intensiv studiert wird.

Metaphorisch kommunizieren die betrachtende Person und die Karte miteinander. Konkret findet ein Austausch zwischen den Gedanken der betrachtenden Person und dem Kartographen, bzw. Seines Auftraggebers statt. Die Karte wird für die Rezipient*innen als Bild wahrgenommen, welches die darin dargestellten Inhalte vermittelt. Gleich einem Bild aus dem Urlaub zeichnen Karten bei der Betrachtung ein Bild einer Wirklichkeit. Die Inhalte der Wirklichkeit sind jedoch immer von den Urhebern der Karte gewählt oder beeinflusst (vgl. Michalsky 2009, S.11). Die Macht der Karte stellt dem entsprechend bezüglich ihrer Wirkmacht keinen Unterschied zu anderen Machtverhältnissen dar. Auch dieser Bedarf einer zugrundeliegenden menschlichen Beziehung.

4. Wie wirken Karten

Wie sich gezeigt hat, bedarf es der Auseinandersetzung mit einer Karte, damit es zu einem Machtverhältnis zwischen Betrachter und Karte kommen kann. Die Frage, die jedoch bisher ausblieb ist, wie eine Karte in ihrer Wirkmacht Auswirkungen auf eine Gesellschaft haben kann.

Grundsätzlich gilt, dass Karten die meisten Menschen immer und überall begleiten. In der Regel ist das Erleben der Umgebung, an das Erstellen von Karten im Kopf geknüpft (vgl. Hemmen 2001, S.37). Diese Karten, sind die Grundlage der Orientierung und der Verortung des Selbst im Raum. Betritt ein Mensch beispielsweise ein unbekanntes Gebäude, entwickelt er im Kopf einen imaginären Gebäudeplan, um später wieder herauszufinden (vgl. ebd. S.38). Wesentlich dabei ist, dass das Individuum seine eigene Position in seiner Umwelt festlegt. Es weiß anhand der Karte im Kopf, in welcher Straße, welchem Gebäude und welchem Stockwerk es sich befindet. Die Karte in Kopf einer Person stellt die Wirklichkeit des Individuums dar. Da die Karten im Kopf, jedoch nicht der Realität entspricht, da auch diese von der wahrnehmenden Person beeinflusst ist, ist eine Gedankenkarte eine objektive Abbildung der Wirklichkeit. Aufgrund der Subjektivität des Individuums, können bei gleichem Gebiet die Karten im Kopf unterschiedlicher Person, anders ausgestaltet sein und über verschiedene Details verfügen (vgl. Glasze 2014, S.124 f.).

Hierbei wird jedoch eine zentrale Auswirkung von Karten verdeutlicht. Es zeigt sich, dass die vermeintliche Objektivität von Karten ihre Grenzen hat. Mit der Betrachtung und der Verwendung von Karten geht eine Positionierung einher. Das Individuum verortet seine Position auf der Karte und entwickelt auf dieser Grundlage seine Wirklichkeit. Diese muss sich jedoch nicht auf die geografische Verortung beschränken. Durch die Wirkmacht der Karte können ganze Weltbilder entwickelt werden. So führte die Darstellung des Sonnensystems, Sol, in geozentrischen Darstellungen dazu, dass die Erde als Mittelpunkt des Systems verstanden wurde. Eine andere verzerrte Darstellung der Realität zeigen Karten nach der Darstellung der "Flat Earth Society". Diese in der Neuzeit entstandene

Anm. der Red.: Diese Abb. wurde aus urheberrechtlichen Gründen entfernt.

Abbildung 1: Darstellung der "Flachen Erde"

Darstellung der Erde vermittelt das Weltbild einer flachen Erde.

Im Gegensatz zur Neuzeit wurden besonders im Mittelalter Karten als Darstellung von Macht und Interessen benutzt. Der Fokus dieser Karten lag dabei häufig nicht auf der Objektivität, sondern auf der Wirkung der Karten. So stellt die Karte "Leo Belgicus" die Landschaft als eines prächtigen Löwen dar. Der flämische Kartograf Abraham Ortelius hingegen bemaß die Macht einer Karte bereits im Mittelalter an ihrer objektiven Darstellung. So erschien in seinem Atlas 'Theatrum Orbis Terrarum' die Karte 'Typus Orbis Terrarum', die der heutigen Darstellung der Weltkarte in vielen Teilen ähnelt (vgl. Michalsky 2009, S.13).

Die in dieser Karte dargestellte Weltkarte wurde jedoch bezüglich ihrer scheinbar unfehlbaren, selbstgerechten Darstellung kritisiert. In dem Gemälde 'Nosce te

Ipsum' wird die 'Typus Orbis Terrarum' als Gesicht eines Narren dargestellt. Diese Karikatur der Weltdarstellung bezog sich auf die Darstellung der Welt als Zeichen der weltlichen Macht und der Vermessenheit des Menschen. Konkret soll der Mensch nicht blind Karten vertrauen und auf deren Grundlage ein Weltbild entwickeln. Um nicht dem Narren zu entsprechen, solle man sich die Welt erschließen und eigene Perspektiven einnehmen und dabei diese sogleich reflektieren (vgl. Ebd.). Die Konstruktion der eigenen Wirklichkeit auf der Grundlage von Karten stand dem entsprechend bereits im Mittelalter in der Kritik.

5. Vertrauen in Karten

Bei einem solchen Maß an Misstrauen und Kritik an der Glaubhaftigkeit von Karten bleibt die Frage offen, warum das Vertrauen in Karten heute scheinbar unerschütterlich scheint (vgl. Rottland 2003, S.27). Karten wurden zusammen mit der vermehrten Seefahrt und der Vermessung der Welt zunehmend objektiver. Karten wurden Beispiele für Neutralität, Integrität und große Autorität (vgl. Ebd. S.28). Zusammen mit dem Buchdruck, war es zusätzlich möglich Karten in Massen zu produzieren, was diese zugänglicher für die Massen machte. Doch mit der zunehmenden Objektivität und der Integrität der Karte, lässt sich behaupten, dass sich ein weiteres Feld der Wirkmacht entwickelt hat. Karten wurde eine doppelte Bedeutsamkeit zugeschrieben. Diese sieht vor, dass Karten immer als komplett gesehen werden. Das, was auf einer Karte erscheint, muss auch in der Realität zu finden sein. Darüber hinaus kann es nichts Wichtiges auf einer Karte geben, sonst wäre dies auf der Karte verzeichnet. Vereinfacht gesagt: Was auf einer Karte ist, ist wichtig – was nicht darauf ist, muss unwichtig sein (vgl. Ebd. S.29). Dieses Phänomen, welches auch als "silence of maps" betitelt wird, führt dazu, dass soziopolitische und sozioökonomische Entscheidungen vereinfacht getroffen werden (können) (vgl. Ebd. S.30). Solche Karten sind besonders bei militärischen Entscheidungen relevant, da auf den Karten oftmals lediglich militärrelevante Gegebenheiten eingezeichnet sind. Die soziopolitische und sozioökonomische Wirkmacht von Karten zeigt sich auch in ihrer Befähigung, Landesgrenzen zu verorten und damit festzulegen, welche Steuern, Verträge, Gesetzte und Praktiken in welchen Territorien gelten (vgl. Ebd. S.30). Dies zeigt, wie extrem das Vertrauen in Karten ist und wirft gleichermaßen die Frage auf, ob man Karten vertrauen sollte (vgl. Ebd. S.50). Es ist offensichtlich, dass mit zunehmendem Vertrauen in Karten, ein Missbrauch dieser umso schwerer wiegt. Daran lässt sich jedoch eine weitere Wirkmacht der Karte verorten. Durch die Integrität der Karte ist es möglich diese bewusst falsch darzustellen. So wurden beispielsweise Karten der DDR entsprechend der Empfänger unterschiedlich dargestellt (vgl. Brunner 2009, S2 f.). Karten, zu denen Bürger*innen der DDR-Zugriff hatten, stellten Westberlin als weniger erschlossen und belebt dar. Die landesinternen Grenzen wurden jedoch besser geschützt und territorial verzerrt dargestellt. Karten der DDR internen Militärs, waren jedoch möglichst objektiv und genau (vgl. ebd.).

6. Karten in der Moderne

Anm. der Red.: Diese Abb. wurde aus urheberrechtlichen Gründen entfernt.

Abbildung 2: Darstellung einer amerikazentrierten Weltkarte

In Zeiten der Kartografie anhand von Satellitenbildern und Luftbildaufnahmen durch Flugzeuge, Hubschrauber und Drohnen, scheint die Subjektivität von Karten und mit Karten verbundene Intention der Vergangenheit anzugehören. Das einleitende Beispiel des Ukrainekriegs hat jedoch gezeigt, dass Karten auch in der moderne weiterhin ihre Wirkmacht ausüben. Dies geschieht am Beispiel der Ukraine- Russland Grenze anhand bekannter Wirkmächte. Wie sich gezeigt hat, ließe sich dies mit den Intentionen der dahinterstehenden Personen erklären. Aber auch modern erzeugte Karten sind nicht befreit von Subjektivität, da es sich auch hierbei um soziale Konstrukte handelt (vgl. Glasze 2014, S.123). Karten werden immer von einem spezifischen Interesse und einer maßgebenden Kultur geprägt (vgl. Ebd. S124). Dadurch kann es beispielsweise passieren, dass moderne Karten von Städten zwar aufzeigen, wo Kirchen zu finden sind, aber Moscheen oder andere Glaubenshäuser sind verorten werden (vgl. Ebd.). Auch bei modernen Karten handelt es sich um Karten, die " in der Welt arbeiten" (Latour 2009, S.14). So sind Karten der modernen GIS (Geoinformationssysteme) auch immer von spezifischen Interessen geprägt. Dazu gehören vermehrt militärische Interessen, aber auch Interessen in den Bereichen des Naturschutzes, Geomarketings, der Versichungswirtschaft, der Raumplanung oder der Kriminalkartographie (vgl. Glasze 2014, S.125). Auch die 'go to' Karte Google Maps bildet die Welt nicht ohne eigene Interessen oder Intentionen ab. Offensichtlich bilden Navigationskarten eine vereinfachte Darstellung der Welt ab, um das Navigieren zu erleichtern und den Fokus auf die im Straßenverkehr wichtigen Punkte zu leiten. Die Subjektivität von Google Maps erschließt sich jedoch besonders bei einer wirtschaftlichen Betrachtung von Google Maps. Auch wenn es auf den ersten Blick nicht ersichtlich scheint, handelt es sich bei Google Maps unter anderem um eine Werbeplattform. Über das Plugin Google Ads (eine digitale Erweiterung zum Schalten von Werbung auf Google) ist es möglich, auf der Google Maps Plattform Geschäfte, Unternehmen oder Vergleichbares zu bewerben. Wie häufig oder prominent die eigenen Werbungen gezeigt werden, entscheidet das entsprechende Budget.

Als abschließendes Beispiel gilt es aufzuführen, wie auch in der Moderne Karten nicht an ihrer Wirkmacht verloren haben, wenn es darum geht Realitäten zu entwickeln. Bei der Betrachtung einer Amerika zentrierten Weltkarte fällt dem europäischen Auge auf, dass diese verschoben wirkt. Es eröffnet sich ein fremdes Bild der Weltdarstellung. Dies ist darauf zurückzuführen, dass in Europa das Bilder europazentrierten Karten die Regel ist. Diese von der Realität abweichende Darstellung findet sich auch im Verhältnis der verschiedenen Länder zueinander wieder. Grundsätzlich gilt, dass umso weiter man sich vom Äquator entfernt, desto stilisierter werden die Größenverhältnisse der unterschiedlichen Länder und Kontinente. Auf Grundlage der amerikazentrierten Karte, würde man vermuten, dass Grönland größer sein müsste als Indien. In der Realität verfügt Indien jedoch über ein Drittel mehr Fläche als Grönland. Auch hier zeigt sie, wie die Darstellung von Karten eigenen Realitäten und Überzeugungen schaffen.

7. Fazit

Wie sich gezeigt hat, sind Karten mehr als bloße Hilfsmittel zur Orientierung. In Bezug auf die Frage, welche Macht Karten über die Gesellschaft haben, hat sich gezeigt, dass Karten per se über keine Macht verfügen. Wie sich gezeigt hat, *hat* niemand Macht. Macht äußert sich und entsteht in der Wahrnehmung und Wechselwirkungen zwischen zwei Akteuren. Dadurch wohnt der Karte keine Macht inne, in einer wechselwirkenden Beziehung können Karten jedoch ihre eigenen Wirkmächte äußern. So wurden diese als Mittel genutzt, die Reichtümer, politische Überzeugungen und den Einfluss ihrer Auftraggeber zu symbolisieren. Eine kartenspezifische Wirkmacht der Karte ist jedoch, die Verortung des Selbst und die Entwicklung von Realitäten. Besonders in Verbindung mit der, in der imperial Zeit geschaffenen Integrität wurden Karten zu scheinbar objektiven Darstellungen der Welt. Daraus resultiert ein paradoxer Zustand, in dem die Karte, die immer auf Grundlage subjektiver Intentionen geschaffen wurde, als objektive Darstellung der Welt herangezogen wird. Wie groß die gesamten Auswirkungen auf die Gesellschaft sind, ist innerhalb dieser Arbeit nicht im Ansatz zu behandeln. Die paradoxe Eigenschaft der Karte hat in ihrer Wirkmacht jedoch dazu geführt, dass die durchschnittlichen Europäer*innen in der Regel davon ausgehen, dass Europa im Zentrum einer Weltkarte zu verorten ist und dass Ländergrößen und Verhältnisse nicht hinterfragt werden, sondern Karten als Antwort auf solche Fragen herangezogen werden.

Es zeigt sich daher, dass Karten in der Vergangenheit, wie in der Moderne Auswirkungen auf das gesellschaftliche Zusammenleben haben. Ob dies in gleichen Maß der Fall ist, oder eventuell noch intensiver, wäre in einer anschließenden Arbeit zu klären. Besonders Google Maps, als Karte in der Hosentasche, bildet dabei einen interessanten Ansatz. Aber auch neue Technologien wie das Meta-versum bieten in Bezug auf die Mindmaps einen ansprechenden Ansatz zur Verortung des Individuums im Raum und der Entwicklung von Realitäten.

8. Literaturverzeichnis

von Kalben, B., & Aufmkolk, T. (02. 12 2019). *Kartografie.* Von planetwissen: https://www.planet-wissen.de/gesellschaft/ordnungssysteme/kartografie_das_gesicht_der_erde/index.html abgerufen

Brunner, K. (2009). Im Dienst der Sowjetmacht. Geheimhaltung und Verfälschung von Karten in UsSSR und DDR. In F. d. George-Eckert-Institut, *Die Macht der Karten oder: was man mit Karten machen kann.* Eckert.

Elias, N. (2014). *Was ist Soziologie.* Weinheim und Basel: BELTZ Juventa.

Emerson, R. M. (1972). Exchange Theorie. Part I and II. In Berger, Anderson, & Zelditch.

Glasze, G. (2009). Kritische Kartographie. *Geographische Zeitschrift 97*, 181-191.

Glasze, G. (2014). Sozialwissenschaftliche Kartographie-, GIS- und Geoweb-Forschung. . *j. Cartogr. Geogr. inf. 64*, 123–129.

Inhetveen, K. (2008). Macht. In N. Baur, H. Korte, M. Löw, & M. Schroer, *Handbuch Soziologie* (S. 253-272). Wiesbaden: VS Verlag für Sozialwissenschaften.

Latour. (2009). Die Logistik der immutable mobiles. In J. D. (Hg.), *Mediengeographie. Theorie - Analyse - Diskussion* (S. 111-144). Bielefeld: Transcript.

Michalsky, T. (2009). Geographie- das Auge der Gschichte Historische Reflexion über die Macht der Karten im 16. Jahrhundert. In F. d. George-Eckert-Institut, *Die Macht der Karten oder: was man mit Karten machen kann.* Eckert.

Rottland, T. (2003). *Von Stämmen und Ländern und der Macht der Karte. Eine Dekonstruktion der ethnografischen Kertierung Deutsch-Ostaffrikas.* Berlin: Schwarz.

Schulte von Drach, M. (23. 04 2014). *Google Maps spaltet Krim für die Russen ab.* Von Süddeutsche Zeitung: https://www.sueddeutsche.de/politik/ukraine-im-umbruch-google-maps-spaltet-krim-fuer-die-russen-ab-1.1942196 abgerufen

van Hemmen, J. L. (2013). Die Karte im Kopf: Wie stellt das gehirn seine Umwelt dar? *Physikalische Blätter*, 37-42.

Watzlawick, P., Beavin, J. H., & Jackson, D. (2017). *MenschlichenKommunikation.* Bern: Hogrefe Verlag.

Weber, M. (1972). *Wirtschaft und Gesellschaft. Grundriß der verstehenden Soziologie.* Tübingen: Mohr.

8.1 Abbildungsverzeichnis